数学星球

让孩子爱上数学的趣味知识书

[法]卡莉娜·卢瓦尔　[法]洛朗斯·比诺◉著
[法]偌琛·热尔内尔◉绘　董莹◉译

四川少年儿童出版社

目 录

一千零一种数数的方法

无所不包的数学世界

人类从学会数数开始，凭借数学的帮助，取得了一个又一个伟大的成就。人类渐渐发觉，大自然似乎早在人类出现之前，便"发明"了数学。如今，数学作为一种工具，不仅是千百万人的谋生手段，还成为备受青睐的休闲方式。

01.1 一切问题都是数学问题

人人都需要数学。没有数学，现代生活将难以为继。采购货物、核对账目需要数学，建造房屋、绘制地图更离不开数学，甚至艺术也与数学息息相关。数学是推动工业文明发展的重要引擎之一，也是世界的主宰力量之一。

01.2 数学，一个令人望而生畏的词

数的运算，记忆几何定理，这样的事情难免令人产生畏难情绪。但是，随着学习的深入，数学朦胧的面纱将逐渐被揭开。学习数学好比爬梯子，只有踩稳每一步，才能节节高升。学习之初，你或许很难立刻掌握某些数学定理的用途，然而，一旦你的数学知识达到一定水平，你便会豁然开朗，曾经难懂的知识随即变得一目了然。

01.3 数学规律支配世界

大千世界，数学谜题丛生。无论植物的生长方式，还是动物的生存方式，时常与数学家研究发现的数学定律"不谋而合"。这怎能不令人愕然！一些数学家不禁感叹：在我们生活的世界上，数学的魔力到底有多大……

01.4 数学天才只是传说

如果一堂数学课下来，你一头雾水，那并不是因为你没长一颗"适合学数学的脑袋"。这样的脑袋并不存在。19世纪，一位德国医生曾经提出，"脑门儿前突的脑袋是适合学数学的脑袋"。然而，实际情况却是：前突的脑门儿后对应的大脑区域，仅仅负责简单的加法运算。多数情况下，孩子们与生俱来的数学能力其实相差无几。

数学，一个令人望而生畏的词

$$\frac{574}{x} = 82$$

$$\sqrt{36} = x$$

$$4 \times x = 20$$

$$12 \div 3 = x$$

$$3 \times 1 = x$$

$$7 - 5 = x$$

$$0 + 1 = x$$

3

02 徒手计数

为了计数，我们的祖先利用了一切可以利用的身体部位，首先便是自己的 10 根手指。因此，人们以 10 为单位开始计数，进而产生了十进制。

02.1
手，名副其实的"计数器"

之所以把 10 作为计数单位，根本原因在于，人类最初是用 10 根手指计数的。后来清点数量众多的物品时，人们习惯于把每 10 件物品作为一组捆扎起来。

数一数

请按照苏美尔人的计数方法，找出右图中缺失的数字。

02.2
10根手指+10根脚趾

除了用手指计数，玛雅人、阿兹特克人、巴斯克人和因纽特人还用脚趾计数。因此，他们的计数系统以 20 为单位。这种二十进制计数方法至今仍然有迹可循，例如，法语中，数字 80 用 4 个 20（4×20）来表示。巴黎有一家名叫"15×20"的医院，这家医院以 20 人为计数单位表示接诊能力，"15×20"代表该医院一天总计可以接纳 300 名患者。

02.3
手指关节也能派上用场

曾经生活在今天伊拉克境内的苏美尔人，发明了以 60 为单位的计数方法。据推测，他们很可能是用右手拇指点数右手上其他 4 根手指的 12 段指节。数满 12 后，把左手小指拳起来，然后，按照同样的方法，继续用右手拇指点数右手上其他 4 根手指的指节，从 13 数到 24。然后把左手无名指拳起来，接着，再一次用右手拇指点数，从 25 数到 36，数满之后再把左手中指拳起来，依此类推，一直数到 60，因为左手的每根手指代表了 12（12×5=60）。1 小时包含 60 分钟，1 分钟包含 60 秒，时间单位的这种换算方式，正是源于苏美尔人的六十进制计数法。

手指关节也能派上用场

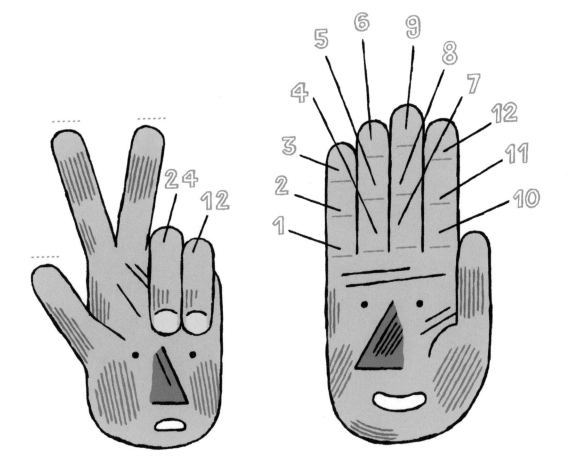

02.4
1、2和很多

19世纪，生活在非洲和亚马孙河流域某些偏远地区的人们，只会用1表示单个物体，用2代表两个物体。他们把3表示成2和1，把6表示成2、2和2。超过这个界限的数量，就是"很多"。巴西的博托库多人用手指指着头发，代表数量众多，意思是说"多得像脑袋上的头发一样，数也数不清"。

02.5
身体参与计数

不同地区的人利用不同的身体部位计数。例如，新几内亚的巴布亚人用手腕代表6，右耳表示9；借助躯干的上半部分，他们可以一直数到22。北美印第安人中的尤基人在计数时，把木棍夹在双手十指的8个指缝间，由此形成以8为基数的计数体系。

02.6
基数

在进位法中，基数代表某一数值，任何单位乘以基数，即进入相邻的较高一级单位。基数也叫底数或进率。例如，清点数量众多的物品时，可将它们10个一组捆成一小扎，再把10小扎捆成一大扎，这样一大扎的总数就是100。十进制以10为基数，满10进位，个位乘以10，进入十位；十位乘以10，进入百位。

身体参与计数

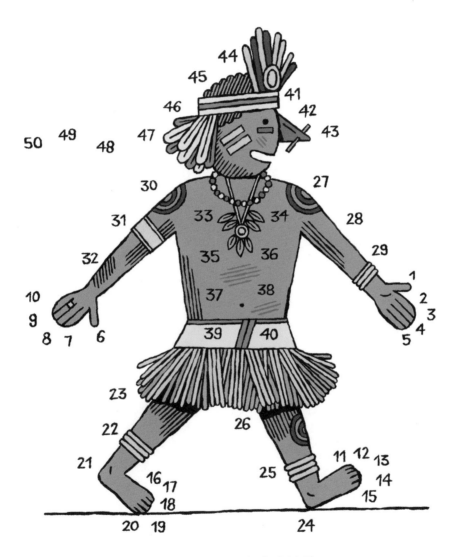

人们用身体不同部位来计数

03

一头熊，两头野牛，三只绵羊

徒手计数虽然简便易行，但不便于记录。为了记录捕获的野牛数量，或新月出现的周期，人类的祖先想出很多巧妙的办法，例如刻印、打结、堆种子、堆石子儿等。

03.1
记数法

捕获一头猛犸，克罗马农人[①]就在兽骨上刻一道痕迹；捕获两头，就刻两道痕迹……史前人类正是用这样的方法记录数字的。刚果民主共和国伊尚戈出土了一块有刻痕的狒狒骨头，据推测是古人用于记录数字的兽骨，其历史可以追溯到 20 000 多年前。

03.2
用绳子记录数字

生活在秘鲁和玻利维亚的印加人，用打绳结的办法记录数字，这一传统延续了近5000年。绳子的不同颜色、绳结的大小和位置，分别代表不同的数值。无独有偶，中国人和阿拉伯人也采用过类似的计数方法。

03.3
一块石子儿，两块石子儿 ……

不同地区的人类创造出了千奇百怪的记录数字的办法，例如把贝壳串在细绳上，把种子、干燥的动物粪便排成一行……其中最行之有效的办法，莫过于堆石子儿。8000年前的牧羊人是这样清点羊群数量的：每当一只羊离开羊圈，就在地上摆一块石子儿；羊吃饱草料回圈时，每进圈一只羊，就从石堆中取出一块石子儿，这样就能清楚地知道是否所有的羊都回圈了。战士出征前也采用相同的办法清点人数。在拉丁语族的大部分语言中，"计算"这个单词都是从"石子儿"派生而来的，由此可见，这种堆石子儿的计数方法曾经何等盛行。

---

① 1868年，人们在法国克罗马农地区的一些山洞里，发现了人类化石，这些化石至少属于5个个体，这些个体被称为克罗马农人。克罗马农人生活在距今约3万年前，属于晚期智人，与中国发现的山顶洞人（北京，距今约3万年）属于同一时期。

——译注

一块石子儿，两块石子儿 ……

我的写字板上有几个数字

清点种子的数量，收地租，卖牲口……随着城市的发展和贸易的繁荣，人们对数的认识，逐渐从具体的数量，过渡到抽象的数字概念和数字符号。这样的进步，无异于一场翻天覆地的大变革！

04.1
从石子儿到筹码

约公元前 4000 年，在美索不达米亚地区，人们采用六十进制计数法。他们既不堆石子儿，也不打绳结，而是发明了一套独出心裁的办法。他们把黏土烧成筹码，形状、大小不同的筹码代表不同的数量。例如，小圆锥代表 1，小球代表 10，大圆锥代表 60，中间带孔的大圆锥代表 600，大球代表 3600……人们把这种筹码封装在黏土钱罐中，购买货物时，当场打破黏土钱罐，清点筹码数量。

04.2
美索不达米亚：数字符号的摇篮

大约在公元前 3600 年，生活在美索不达米亚的人用抽象符号替代了黏土筹码。黏土钱罐也被黏土写字板取而代之。在黏土写字板尚未干燥时，书记官用削过的芦苇秆，在黏土写字板上刻下各种代表数量的符号，如凹坑、圆圈、孔洞等，并注明商品的属性。于是，数字符号先于文字符号诞生了。后来，古巴比伦人简化了这套符号，保留了其中两个符号，用"直钉子"代表个位数，"人字纹"代表十位数，通过这两个符号的组合表示 1 到 59 的数字，60 则用"斜钉子"表示。以 69 为例，古巴比伦人的写法是，1 根"斜钉子"，再加 9 根"直钉子"。

04.3
数字符号表示数量

数字符号可以用来表示数量，这就好比字母可以用来拼写单词。数字符号既是书写符号，也可以用来表示数量。例如，在"222"中，"2"是一个数字符号，而在"2 条胳膊"中，"2"表示数量。

04.4
莎草纸上的莲花和蝌蚪

此后不久（约公元前 3000 年），古埃及人发明了象形数字符号，他们把这些符号刻在神庙里，写在莎草纸上。竖杠代表个，篮子提手代表十，绳卷代表百，莲花代表千，伸直的手指代表万，蝌蚪代表十万，神像代表百万。

美索不达米亚：数字符号的摇篮

04.5
计数法则

各大文明古国先后形成了各自独特的计数法则和读与书写数字的方法。

加法原则是最古老的计数法则之一。用罗马数字符号进行书写时，某一数量的值相当于构成这一数量的所有罗马数字符号的总和。例如，书写33，需要3个"X"符号和3个"I"符号，即XXXIII。这意味着，书写大数值的数字，需要很多符号。

位置原则规定：符号在数字中的位置决定其数值。最右侧的数字代表个位，左侧的每位数字是与之相邻的右侧同一个数字的10倍。例如，在666中，最左侧的6位于百位，相当于居中的十位上的6的10倍；十位上的6又相当于最右侧的个位上的6的10倍。位置原则标志着数字书写法取得了重大进步。

04.6
在古希腊人和古罗马人的时代

尽管古希腊人堪称数学推理与几何学的始祖，但他们在计数法方面却显得捉襟见肘。古希腊人用希腊字母表中的前9个字母分别代表数字1至9，用接下来的9个字母代表10至90。古罗马人除使用I（1）、V（5）、X（10）、L（50）、C（100）、D（500）、M（1000）等7个符号外，还综合运用加、减法原则。例如，11写作XI（10+1），而9则写作IX（10−1）。按照这种方法进行运算，非得绞尽脑汁不可！

移一移

取12根火柴，用罗马数字摆出这则运算：VI − IV = IX。移动其中一根火柴，使等式成立。

答案：

将 IV 中的 I 移走，则组合成数 "−"，变为 "+"（加号），从而 VI + IV = XI，等式成立。

在古希腊人和古罗马人的时代

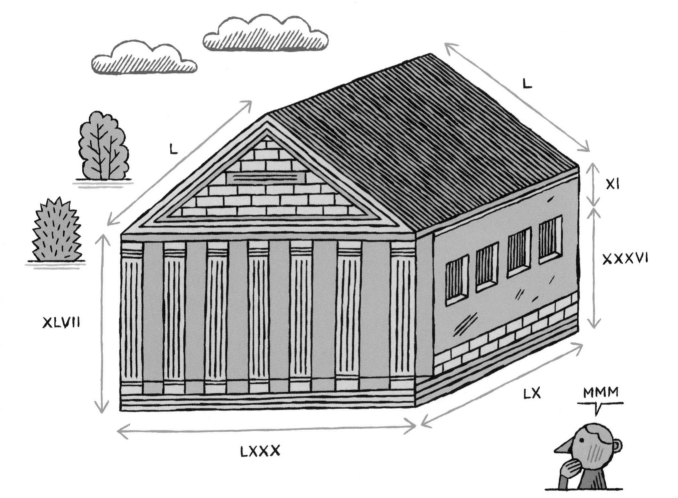

数学席卷世界

中世纪时期，阿拉伯人在科学领域独领风骚。当时，巴格达堪称整个阿拉伯帝国的文化中心。来自世界各地的学者在此学习钻研，交流思想，将科学知识传播到各地。现代数学由此诞生。

05.1
巴格达：数学发展的核心区

公元7-8世纪，阿拉伯人征服了西起大西洋，东至印度河流域的广袤土地，并接触到古希腊人的古籍文献。大多数阿拉伯君主热衷科学，他们在巴格达创建了一座庞大的研究中心。8世纪末，中国人发明的造纸术传播至此，助推了科学典籍的流传。埃及的开罗以及西班牙的科尔多瓦，成为阿拉伯科学文化在西方传播的前沿阵地。

05.2
印度：现代计数法的发明者

公元773年，一位印度大使来到巴格达，他带来了印度数字。印度人很早就发明了一套巧妙的数字书写方法。他们用9个不同符号分别代表1至9，再根据位置原则确定个位、十位、百位等，并且发明了"0"这个符号，用来表示"没有任何数量"。阿拉伯人很快接纳了这套数字的书写方法。

05.3
数字的西行之路

阿拉伯人见证了数学日新月异的发展，欧洲人却对此不闻不问，仍旧使用罗马数字。意大利人列奥纳多·斐波那契（1170-1240），是在欧洲推行印度－阿拉伯数字的先驱，但他的著作在当时不幸遭到世人冷遇。直到13世纪，印度－阿拉伯计数法才在西方站稳脚跟。等到欧洲培育出自己的大数学家，如意大利人伽利略、德国人戈特弗里德·威廉·莱布尼茨、法国人勒内·笛卡尔、皮埃尔·德·费马等，那又是几百年之后的事了。

印度：现代计数法的发明者

05.4
"0"的革命

在研究计数法时，印度人曾遇到这样一个难题：如何表示在某一位置上（十位、百位或千位）没有任何数值？如何区分2和20，或17、107和170？公元5世纪，印度人发明了表示"无"的符号"0"，并将它命名为"*sunya*"，意思是"空"。0是数学历史上最伟大的发明之一。

05.5
没有0，就没有负数

在发明数字0之前，人们认为一个数减去另一个比它更大的数，无异于痴人说梦。公元7世纪，印度的数学著作中出现了负数，即小于0的数。但是，欧洲人却将它视为"荒谬的数字"。直到15世纪，欧洲人才开始应用负数。有了负数，人们可以毫无障碍地记录低于海平面的高度。没有零下温度，冰箱又怎能冻出冰块呢？

········
算一算

这个月，你还有多少钱？你向姐姐借了15欧元，又向朋友借了40欧元。后来，你拿到了20欧元零花钱，奶奶又给了你15欧元。来算算账吧！用"+"标记入账，即收入的钱数；用"-"标记出账，即欠的钱数。

答案：
出账总计：(-40) + (-15) = -55 欧元
入账总计：(+20) + (+15) = +35 欧元
你的手头还剩：-20 欧元

没有0，就没有负数

数字参与运算

成熟待收割的小麦，要在所有参加田间劳动的人们之间进行分配。养殖户出售牲口后，畜群数量随之发生改变。为了更好地掌握数量，人们开始学习加、减、乘、除运算。

06.1
加与减

从前，邻里间进行货物交换之前，总要先确定哪些物品用于交换，哪些物品作为库存保留起来。起初，运算中用 P 代表"加"，用 M 代表"减"。16 世纪时，"+""−"符号出现了。这两个符号的起源尚无定论。一种说法认为它们源自德国，是当地人用来标记盛装货物的箱子重量的符号；而另一种说法则是，加号是拉丁语中表示"和、与"意思的单词的缩写（形似"&"），而在拉丁字母"M"上加一横，即为减号。

06.2
等号的发明

16 世纪以前，人们一直用拉丁语单词"*aequalis*"表示相等概念。英国数学家罗伯特·雷科德率先使用两条"孪生"平行线表示这一概念，"="由此诞生。毕竟，还有什么能比双胞胎更加相像呢？

06.3
乘与除

或许有人认为，乘法比加法难度大。实际上，乘法运算的结果也可以通过加法获得。例如，7×6 也可以写成 $7+7+7+7+7+7$。但后者在书写和运算时，耗时更多，而乘法则更省时。

除法表示分割概念。若要把某一数量分成相等的若干份，只能采用除法运算。例如，怎样才能把 8 块硬糖分成两份呢？有四种分法：$1+7$，$2+6$，$3+5$，$4+4$。若要分成相等的两份，只能采用 $8 \div 2=4$ 的算法。

06.4
计算器的始祖

用手指计数的传统延续了千百年，后来人们又发明了用石子儿计数的方法。人们对于数学运算应用的深入，促使能够进行复杂运算的新工具的出现。中国人和古希腊人先后发明了算盘。他们把算珠串在小立柱上，再镶在木框内，或者将小石子儿放置在算板上，通过移动算珠或石子儿来计算。那时的人们如果要做乘法或除法运算，必须请专业计算师帮忙，再由专职书记官把结果记下来。

计算器的始祖

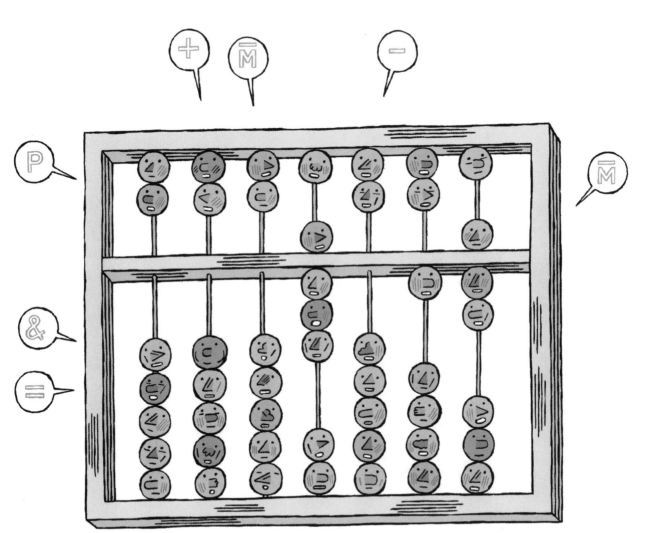

19

06.5
小数点

一个数除以另一个数，结果并非总是整数。例如，10÷4的结果是2.5。小数点后有数字的数，即为小数。有了小数，运算结果从此不再局限于1、2、3、4等整数范围。

06.6
分数

分数表示除法。两块 1/2 个蛋糕合在一起，即 2/2，就是一个蛋糕。两块 1/3 个蛋糕合在一起，即 2/3，相当于 0.666 66…个蛋糕，比半个蛋糕稍大一点儿。有了分数，表示小数点后有无限位数的数字变得简单多了。

06.7
代数的广泛应用

代数是数学大家庭的一员，各种运算均可应用于代数。代数的发明，最初是为了解决复杂的遗产问题。例如，一户人家有三个孩子，如何分配才能保证老大得到的遗产比老二多50%，老二得到的遗产是老三的2倍呢？相比于将各种可能性逐一试验一番，最终得出正确结果的方法，用代数的方法则简单得多——用"x"代替所要求的解。在这里，"x"叫作"未知数"。列方程的目的，是用最简单的算式求得"x"的结果。无论有待分配的遗产是多是少，都可以运用同样的方法来解决。

如果这笔遗产总计 120 000 欧元，代数的求解方法是将老三所得的份额设为 x 欧元。如果老三分得的遗产是 x 欧元，那么老二所得的份额就是 $2x$（或 $2×x$）欧元，老大所得的份额就是 $3x$（或 $3×x$）欧元。原因在于，老大所得的遗产要比老二多 50%，即他的份额相当于 $1.5×$老二的份额，也就是 $3×$老三的份额。

列方程如下：

$x + 2x + 3x = 120\,000$

$6x = 120\,000$

$x = 120\,000 ÷ 6 = 20\,000$

因此，老三继承 20 000 欧元，老二继承 40 000 欧元，老大继承 60 000 欧元。这个方程揭示了过去遗产分配的一般规律，尽管这种做法本身有失公允：无论遗产总量是多少，其中一半归老大所有，1/3 归老二所有，剩下的 1/6 才归老三。

代数的广泛应用

60 000 欧元　　　　40 000 欧元　　　20 000 欧元

计量单位

有了数字，人们可以计量身边的各种物体：从田地的面积到小麦的重量，从水的体积到蛋糕的大小……世界各地的人们发明了各种计量单位，人们借助计量单位可以将体积和距离等进行量化，为物物交换和比较提供了便利。

07.1
三根拇指宽，五段前臂长

史前人依据拇指、手、小腿或步幅的尺寸，丈量投枪的长短，或洞穴的宽窄。但是，双脚的大小或手臂的长短会因人而异，这就给商品交易带来了麻烦，引发了无数争端，甚至战争。

07.2
1米 = 地球周长的4000万分之一

你知道自己的身高吗？差不多是1米又若干厘米吧。18世纪末，长度单位"米"在法国诞生。在制定这一单位时，人们把地球周长作为参照对象，由于后者恒定不变，故无论何时何地，1米的长度也始终保持不变。1米等于地球北极点到赤道距离的1000万分之一，即地球经线（子午线）长度（南、北两极之间的距离，约20 000千米）的2000万分之一。

07.3
体积、重量和长度的计量

1平方米（m^2）= 边长1米的正方形的面积。
1立方米（m^3）= 棱长1米的正方体的体积。
1克 = 1立方厘米纯净水的重量。
1升 = 1千克水的体积。
上述单位乘以100或1000，可以得到更大单位；除以100或1000，可以得到更小单位。
1千克 = 1000克。
1千米 = 1000米。
1厘米 = 1/100米。
1毫米 = 1/1000米。

三根拇指宽，五段前臂长

07.4
一码等于三英尺

日常生活中，英国人没有使用"米"作为长度单位，而是使用英寸、英尺等计量单位。1 英寸相当于 2.54 厘米，1 英尺相当于 12 英寸，即 30.48 厘米。

英国人使用的"码"，相当于 3 英尺，即 91.44 厘米。他们用英里表示公路长度，1 英里等于 1760 码，约 1609 米。相对厘米、米、千米而言，英制长度单位之间的换算关系更加复杂，不便于使用。

07.5
加仑与升的"握手"

法国大部分的葡萄酒瓶的容量是 0.75 升，而不像苏打水瓶那样恰好是 1 升，你知道这是为什么吗？原因就在于，当初，法国波尔多葡萄酒酒商向英国客商出售葡萄酒时，英国客商特别要求，一桶酒应当恰好灌满一定数量的酒瓶，而没有剩余。为此，法国人专门制造了一种容量以加仑（1 加仑 ≈ 4.54 升）计量，而不以升计量的酒桶。容量为 2 加仑的酒桶，大约能装 9 升葡萄酒，恰好可以灌装 12 瓶葡萄酒（0.75×12=9）。

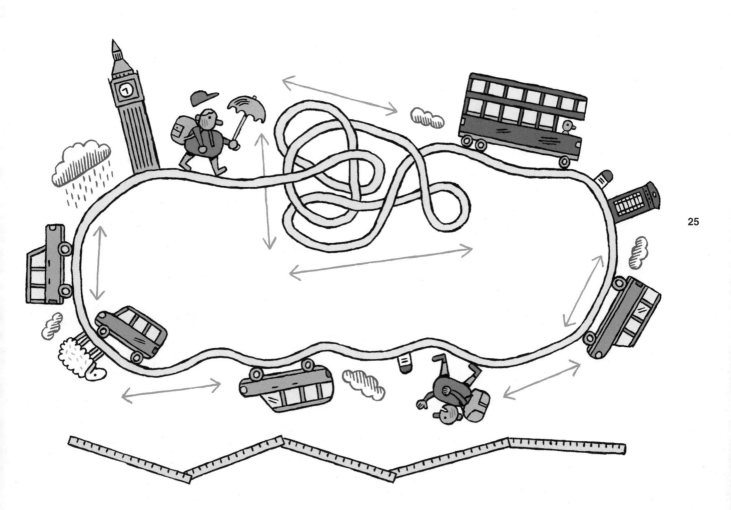

一码等于三英尺

数学天天见

建造房屋、桥梁与隧道

掌握几何知识，人们才能修建结实的房屋和牢固的隧道。数学是建筑师和工程师的日常工具。从金字塔到大教堂，从摩天大厦到吊桥和公路……它们的建造无不归功于数学。

08.1
勾股定理与直角墙面

为了砌出直角墙面，或让桌子、五斗橱的直角恰好嵌入墙角，不少瓦工和木匠仍在使用"勾三股四弦五"定理。他们的做法是这样的：从希望获得直角的一点出发，沿着角的一条边，在距离该点3米处竖一根木桩；沿着角的另一条边，在距离该点4米处再竖一根木桩。当两根木桩之间的距离恰好是5米时，它们的夹角即为直角。其中蕴含的原理是直角三角形两条直角边的平方和（3×3=9，4×4=16，9+16=25），等于第三条斜边的平方（5×5=25）。这就是著名的勾股定理，又叫毕达哥拉斯定理，它是历史上最古老的定理之一。

证一证

准备一根绳子，从头至尾每10厘米打1个结，共打13个结（有相等的12段）。再准备一些图钉，用以固定绳子。试一试：绳子如何弯曲，才能恰好摆出直角三角形？可以先假设一条边上有6个绳结（即5段），再摆放另外两条边。

用这根打了13个结的绳子，你还可以摆出哪些几何图形？

揭秘：
直角三角形的边长分别为相邻的4个、5个和6个绳结。
你可以摆出正方形（每条边为4个绳结），也等腰三角形（每条边3个绳结），或等边三角形（每条边5个绳结）。揭秘于顶端的曲线和圆圈时，以确保作为圆圈的长度。这样，也可以圈出直径不等长的圆。

08.2
建筑设计师的"戏法"

三角形、正方形、长方形、圆形是建筑设计师工作时会用到的四大基本几何图形。设计师在绘制图纸时，可以根据需要，将这些图形变形、重组，例如削掉角、切除某部分，或者相互重叠。在随后的三维成像过程中，图纸上平面的长方形将转化成平行六面体，圆形转化成球体或圆柱体，正方形转化为立方体。

勾股定理与直角墙面

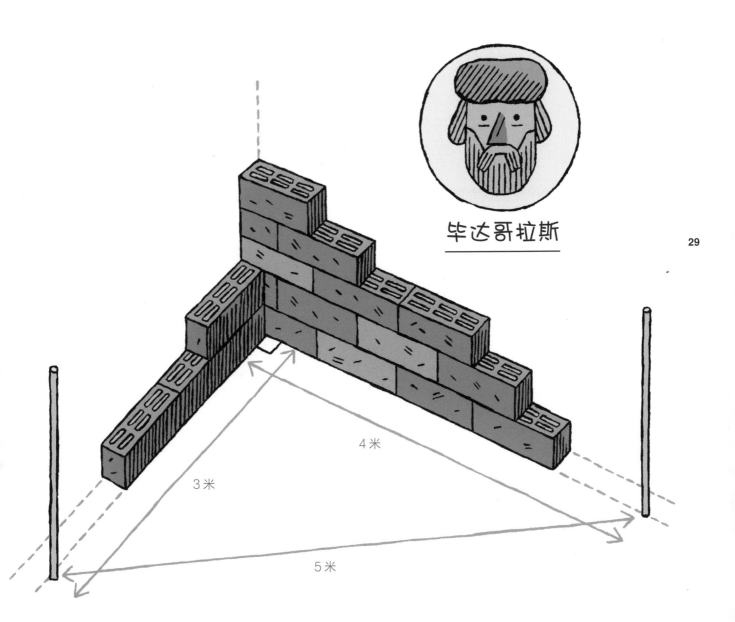

毕达哥拉斯

3 米

4 米

5 米

08.3
根据黄金分割建造房屋

古希腊人热衷于追求完美，他们认为，长方形的长与宽之比约等于 1.618 时，比例最完美。古希腊人把这个数值称作"黄金比例"，并用希腊字母 Φ 即帕特农神庙中雕像的建造者菲狄亚斯名字的首字母代表。无论古代大教堂的建造者，还是现代建筑设计师，无不纷纷效法采用黄金比例。法国建筑大师勒·柯布西耶的建筑作品，就是成功运用黄金分割的典型范例。

08.4
数学确保建筑物稳固

无论桥梁，还是摩天大厦，为了避免变形或坍塌，设计师们都要进行严密的计算。以埃菲尔铁塔为例，设计师古斯塔夫·埃菲尔领衔的工程师团队，将 10 000 吨总重量平均分配在 4 根支柱上，即每根支柱分担 10 000 ÷ 4 = 2500 吨重量。然后，他们又为每根支柱配备了 4 根倾斜的橡梁，则每根橡梁各自承担 2500 ÷ 4 = 625 吨重量。最终的结果是，每平方厘米地面所承受的重量只有 3 至 4 千克，与人站立时脚上所穿高跟鞋的鞋跟所承担的重量相当！

08.5
数学确保桥梁稳固

从最早的木吊桥起，不计其数的古代桥梁没能经受住种种考验！如今，混凝土、特种金属等高强度新材料的应用，辅以计算机的强大计算功能，使设计、建造巨型桥梁成为可能。法国米约大桥是目前世界上最高的斜拉索式公路桥，桥面高约 270 米。大桥的工程计算耗费了大量的人力。为了计算出全长 2.46 千米的桥面的最佳弧度，使整个桥身足以抵御时速 250 千米的侧向来风，同时保持 3% 的水平倾斜度，以确保驾驶员的最佳视野，数百名工程技术人员付出了艰辛的努力。

试一试

画一个长 16.18 厘米，宽 10 厘米的长方形，在其一端（长）截去一个长 10 厘米的正方形，剩余部分恰好是一个黄金长方形。尽管小了一号，但是，它的长与宽之比恰好约等于 1.618。

再从这个小黄金长方形的一端（长）截去一个以其宽为边长的正方形，剩余部分依然是一个黄金长方形。依此类推，任何黄金长方形内部，必然包含一个正方形和另一个黄金长方形！

根据黄金分割建造房屋

黄金长方形

08.6
向对称敬礼

你是否注意到，通常房屋正门两侧的窗户数是相等的。这就是所谓的"轴对称"。换句话说，如果沿着对称轴，把这栋房子一分为二，那么这两部分将会像蝴蝶的双翅一样，几乎完全相同。对称象征着秩序与完美。千百年来，庙宇、教堂、法式花园城堡的设计与建造，无不遵循对称原则。

08.7
回旋曲线

公路的弯道是一条精确的数学曲线，这条线的学名叫作"回旋曲线"，也有人根据其发明者的名字，将之命名为"考纽螺线"。沿着这条曲线，驾驶员可以驾驶汽车平稳地驶上匝道，驶进或驶离高速公路；行驶速度超过 300 千米／时的高速列车可以平稳转弯，无须担心脱轨。再来看看轮滑轨道和过山车吧，如何才能从直道安全过渡到弯道？当然也要借助回旋曲线。

08.8
第5大道，第42街

1807 年，美国人在对纽约市曼哈顿城区进行规划改造时，在全城划分出 16 条南北走向的大道和 155 条东西走向的横街。每条街道都有编码，每两条大道相距 280 米，每两条横街相距 60 米。这样一来，确定方位就不再是难事了。若要从 34 街去往 42 街，应该往北走。若要从第 2 大道去往第 9 大道，应该向西走。

第5大道，第42街

做生意离不开数学

从远古时期的货摊，到现代大型企业的管理，数学的身影遍布商业领域的各个角落。计算价钱需要数学，而预测销售量、拓展业务、规避破产风险同样离不开它。

09.2
如何定价

产品价值决定价格。价值的构成要素包括原材料价格、工人工资、运输费用等。在此基础上，还要加上销售商的利润，也就是他希望赚多少钱。以一张售价为 20 欧元的 CD 为例，其售价大致可以分解为：

词、曲作者的费用：1.17 欧元

演唱者的费用：3.18 欧元

录音费用：0.52 欧元

加工费用：1.82 欧元

唱片公司的综合费用：2.17 欧元

唱片公司的利润：1.49 欧元

广告宣传费用：2.69 欧元

批发商和零售商的利润：3.68 欧元

附加税：3.28 欧元

09.1
一个半苹果馅饼交换一条鱼

在相当长的历史时期里，人们通过以货易货的方式，获取自己需要的物品。每次交换，都要精心算计。

如果你想用一条鱼交换苹果馅饼，那么只能得到一个半苹果馅饼，因为两个苹果馅饼的价值超过了一条鱼的价值。为了简化货物交换流程，货币应运而生。作为商品价值的衡量单位，货币可以用来计算商品价格。在古埃及，如果一所房屋贴出的售价是 1 只蝌蚪、2 根竖起的手指、3 朵莲花，再加 5 卷绳子，那它到底值多少钱？对啦，它的价值是 123 500 枚当时的货币。

算一算

假设一台平板电脑的售价等于其售价的一半再加 140 欧元，那么，你需要付多少钱，才能买到一台平板电脑？

答案：

设平板电脑的售价为 x 欧元：

$x = 140 + x/2$

$x - x/2 = 140$

$x/2 = 140$

所以 $x = 140 \times 2$

$x = 280$

即 $140 + 280/2 = 280$ 欧元。这台平板电脑的售价是 280 欧元。

一个半苹果馅饼交换一条鱼

09.3
银行的生意经

银行负责替储户保管存进银行的钱。此外，银行还借钱给个人或企业，即发放贷款。向银行借钱，需要交纳一定的"租金"，即贷款利息。计算贷款利息可以应用不同的数学模型，另外还要考虑贷款总额、还款期限、不履行还贷义务的可能性等多种因素。总之，贷款总额越多，支付的利息也越多。

算一算

企业要想盈利，赚的钱必须要比支出的钱多。企业经理人应当制订合理的产品售价与工人工资。

有一位广告商，每个月接 4 单广告宣传生意，每单可以为他带来 8000 欧元进账。他每月需要支付办公室房租 2250 欧元，各类耗材费用 1800 欧元。广告商本人希望每月收入 6000 欧元，另外留出 3000 欧元作为公司利润。他每年应当缴纳各项税费合计 60 000 欧元。这家广告公司雇用 7 名员工，他们的工资相同。在保证公司不亏本的前提下，员工工资应是多少？

解答：

8000 × 4 = 32 000 欧元

所以，这个广告公司每月收入 32 000 欧元。

各项支出情况如下：

2250（办公室房租）+1800（耗材）+（60 000 ÷12）（税费）+6000（老板的工资）+3000（公司利润）= 18 050 欧元

32 000（收入）− 18 050（支出）= 13 950 欧元

13 950 ÷ 7 ≈ 1992.86 欧元

所以每个员工的月工资约是 1992.86 欧元。

用方程计算：

设每个员工的月工资是 x 欧元，

$7x = 32\,000 - 18\,050$

$x = (32\,000 - 18\,050) \div 7$

$x = 13\,950 \div 7$

$x \approx 1992.86$

银行的生意经

09.4
化整为零，发行股票

为给企业发展筹措资金，有的老板选择了股市。他们把公司的一部分资产以股票形式出售给有意愿的投资者。如果运营良好，公司将拿出一部分利润，返还给购买其股票的投资者。我们根据公司的实际价值及其盈利创收的可能性，运用数学知识，可以计算出每股股票的价格。

09.5
数学叱咤股票市场

要想在股市上进行交易，股票经纪人需要运用数学知识对上市公司的业绩做出预测。左右金融市场行情的因素成千上万。例如，某公司新上市的智能手机取得成功，那么该公司的股票价格将会上涨。2011 年，日本发生地震和海啸之后，有股票经纪人预测，日本人不会再沿袭以往喜欢购置奢侈品的习惯，因此，一些奢侈品公司的股价大幅缩水（它们一直向日本市场出口大量奢侈品牌服装和美容产品）。

数学叱咤股票市场

10
出行无忧，
拒绝迷路

驾驶飞机飞越大西洋，不仅需要精准定位，还必须预先制订飞行路线。人类对数学和天文学知识的掌握与运用使环游世界甚至太空旅行成为可能。如今，交通运输已经整体纳入人们的监控体系。

10.1
带着罗盘漂洋过海

有了古希腊人发明的几何学，欧洲航海家才能漂洋过海。他们把几何知识运用到天文领域，通过观察天空中的星宿，确定位置，绘制航行路线。具体做法如下：使用六分仪、等高仪等航海仪器，测量北极星与地平线的夹角，确定纬度。白天，可以通过测量正午时太阳与地平线的夹角，达到同样目的。18 世纪地理大发现落幕之时，航海家又发现了确定东、西位置即经度的方法。

10.2
绕着地球"兜圈子"

巴黎至纽约的飞行路线是怎样制订出来的？有人或许以为，只要在两座城市之间画一条直线就可以了。可这种想法是错误的，因为地球是圆的。球面几何与平面几何大不相同，球面上两点之间的最短路线不再是一段直线，而是一段圆弧。因此，飞机从巴黎起飞，应该朝着北极星的方向飞行，这才是从巴黎到纽约的最短飞行路线，距离约为5830 千米。假如一味向西飞行，这一距离将会延长至 6070 千米。

绕着地球"兜圈子"

10.3
任何地图都有误差

在平面的地图上绘制球形的地球，所绘的地图必然会与实际的地理情况有偏差，尽管数学家试图通过投影技术，将这种偏差控制在尽可能有限的范围之内。根据墨卡托投影地图[①]，非洲大陆看似与格陵兰岛大小相当，而实际情况却是，前者面积是后者的 14 倍。就地球露出水面的陆地面积而言，非洲占 20.2%，欧洲仅占 6.8%！1973 年问世的彼得斯投影地图[②]弥补了这一缺陷，这种地图利用圆柱等积投影技术绘制而成，它充分考虑到各大陆的实际面积，而非一味追求形似！

10.4
小比例尺，还是大比例尺

借助地图或平面图上标明的比例尺，人们可以准确地估算距离，确定方位。比例尺定义的是地图上的尺寸与实际尺寸之间的比例关系。举例说明就是，1/25 000 的地图中的尺寸，相当于实际尺寸除以 25 000。这意味着，地图上的 1 厘米（cm），代表实际的 25 000 厘米（cm），即 250 米（m）。比例尺越大，地图越详尽。去野外远足时，最好选择一份 1/20 000 这样的大比例尺地图。如果只是一般性的长途外出，那么 1/1 000 000 的地图（1 cm 代表 10 km）便足够了。

---

① 墨卡托（1512-1594），生于荷兰，16 世纪地图制图学家，地图发展史上划时代的人物，开辟了近代地图学发展的广阔道路。墨卡托投影地图虽然描绘出了大陆板块的正确外形和方位，却因以欧洲为中心、夸大北半球面积，令大陆板块比例出现扭曲。

② 1973 年，德国人阿诺·彼得斯绘制的世界地图，力求将各国按照实际地表面积进行展示。

小比例尺，还是大比例尺

10.5
全球定位系统

凭借全球定位系统（GPS）这一技术，无论身处地球上的任何地方，人们不仅可以确定自身方位，还可以通过导航到达目的地。全球定位系统的运行，依赖于围绕地球运转的 24 颗卫星。每颗卫星发出的信号都包含位置和时间信息。地球上的 GPS 接收器收到信号，并计算出信号发出与到达的时间差；信号以光速传输（约 300 000 千米 / 秒），由此可以计算出接收器与卫星之间的距离；根据其中 3 颗卫星的数据结果，即可确定接收器的准确位置！

10.6
核实、修正数据

与之前的陆地测量数据相比，全球定位系统提供的数据更加精准。经过重新测算，阿尔卑斯山脉的最高峰勃朗峰的海拔高度为 4805.59 米（2023 年）。

算一算

全世界所有人手拉手，能否绕地球一周？或者，能否搭起一条通往月球的"人桥"？

解答：
地球上约有 70 亿居民，假设每个人张开双臂的距离为 1 米，那么 70 亿人手拉手，可以构成一条长约 70 亿米，即 7 000 000 千米的"人桥"。
地球的周长约为 40 000 千米，7 000 000÷40 000=175，因此，手拉手，人们足以把地球环绕 175 圈！
地球与月球之间的距离约为 380 000 千米，倘若图此，人们却无法用其搭建"人桥"，这只是异想天开！

10.7
"太空"数据

科学家根据自动计算系统提供的数千条数据，不仅可以设定观测卫星的飞行路线，还能最终将其固定于预定轨道。像这样在太空中"大展拳脚"，需要大量的计算予以支持，任何微小失误都可能让整个计划功亏一篑。以 1999 年美国发射的火星气候探测器为例，由于磅和千克之间的换算误差，它未能成功进入预定轨道，最终永远消失在人类的监控屏幕中。

"太空"数据

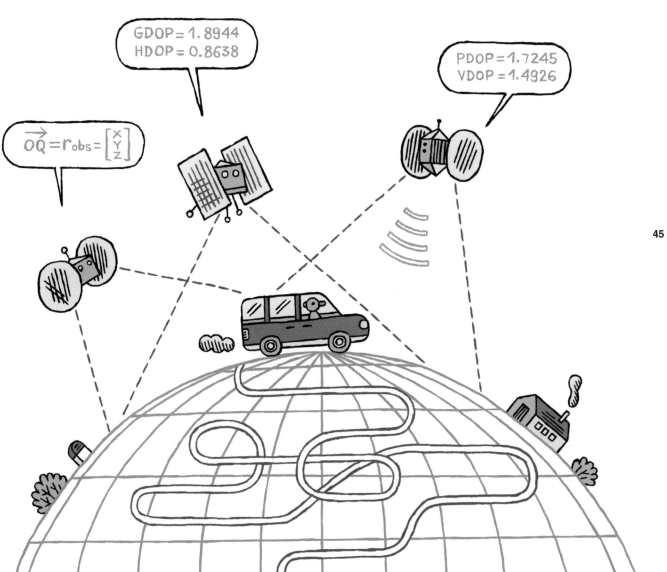

战胜偶然性

自远古时期以来，偶然性一直引发人类的好奇。有人坚信，偶然性并不存在，其中必然存在某种神秘规律。数学家则将其视为一种随机现象，其结果难以预料。

11.1
偶然性的游戏

盒子里装着一些写有不同数字的球，从里面任意摸出几个球，摸出的球的数字具体是多少，是无法预测的。玩弹子转盘游戏，结果也是无法预测的，因为影响最终结果的因素很多，如转盘的转动速度、弹子的投掷方式和反弹方式等，这些都影响着弹子的运行轨迹，即使最出色的数学家也算不出来最终结果。

11.2
掷骰子游戏的结果概率

掷出两枚正方体骰子，将所得的两个数值相加，其结果为 6、7 或 8 的可能性远大于 4 或 10。这是因为有 6 种组合方式可以得到 7 这一结果，有 5 种组合方式可以得到 6 或 8，反之，只有 3 种组合方式才能得到 4 或 10。右侧列出了全部 36 种可能的组合方式。

1+1=2

1+2；2+1=3

1+3；2+2；3+1=4

1+4；2+3；3+2；4+1=5

1+5；2+4；3+3；4+2；5+1=6

1+6；2+5；3+4；4+3；5+2；6+1=7

2+6；3+5；4+4；5+3；6+2=8

3+6；4+5；5+4；6+3=9

4+6；5+5；6+4=10

5+6；6+5=11

6+6=12

偶然性的游戏

11.3
概率

概率是一个数学概念，用于衡量一件事发生的可能性。概率永远介于 0 和 1 之间。0 意味着这件事绝不可能发生，1 表明它必然会发生。当我们掷出 2 枚正方体骰子时，有 6/36 的机会，即 1/6 的机会，点数和得到 7 这一结果。也就是说，概率为 0.166 666…，约为 16.7%。

11.4
计算出来的中奖率

有些人总是认为，彩票中奖肯定有"窍门"。实际上，这建立在概率计算的基础之上。以抛硬币猜正反面为例，由于结果只可能是正面或反面，所以猜中结果的概率是 1/2。可是，要从 49 个号码球里抽取 6 个，总共有 13 983 816 种结果。因此，凭借一张小小的彩票，想赢取大奖，可能性大约只有 1400 万分之一。

••••••••
证一证

概率题的求解方法，因题目表述方式而异。如果题目中出现"或"的字眼，通常要把各种可能性相加求和，方能得到正确答案。反之，当出现"且"这类表达方式时，则须将各种可能性相乘取积。

准备 24 张扑克牌，每种花色各 6 张，同一花色的 6 张牌中，数字牌与人像牌各 3 张。从这些牌中任意抽取一张，抽到红桃牌的概率是多少？答案是 1/4，因为总共只有四种花色。如果把条件设定为带人像的红桃牌，也就是红桃 J、红桃 Q 和红桃 K，那样的概率又是多少呢？此时，正确的计算方法是将各种情况的可能性相乘求积。

具体而言，从 24 张牌中抽到红桃牌的可能性是 1/4，抽到人像牌的可能性是 1/2，因为同花色的 6 张牌中，有 3 张人像牌。所以，要想知道抽中带人像的红桃牌的概率是多少，就应当将两种情况各自的可能性相乘，即 1/4 × 1/2=1/8。这就意味着，抽到带人像的红桃牌的可能性是 1/8。在全部 24 张牌中，有 3 张带人像的红桃牌。

计算出来的中奖率

11.5
大富翁游戏的诀窍

在大富翁游戏的 40 个格子中，包括 22 条街道、4 座火车站和 2 处公共设施。游戏过程中，对手落到其中任何一格的概率，不仅取决于掷骰子的点数，"幸运"牌和"进监狱"格也发挥着重要作用。

落到某些颜色格的概率似乎比其他颜色更大，例如橙色格（将近 9%），红色格（8.5%）和黄色格（8%），绿色格和紫色格紧随其后。落到火车站一格的概率更大，高达 10%。圣米歇尔大道和皮加勒广场是玩家光顾最频繁的格子。反之，来到香榭丽舍大街的可能性则最小。从房价和租金的比值判断，某些颜色的收益率会更高。无论身处棋盘的哪一边，游戏路线末端的颜色总要比起始端的颜色，具有更高的投资回报率。

11.6
计算风险

概率理论可用于风险评估。首先，数学家要对常规情况进行测算，然后在此基础上建立方程或模型。保险公司向客户推销汽车保险时，必须把发生事故时需要向驾驶人支付的赔偿金计算清楚，这将直接决定保险合同的金额。年纪轻、车技糟糕的驾驶人，更容易发生事故。驾驶人不同，发生交通事故的风险大小不一，保险费用亦不尽相同。

大富翁游戏的诀窍

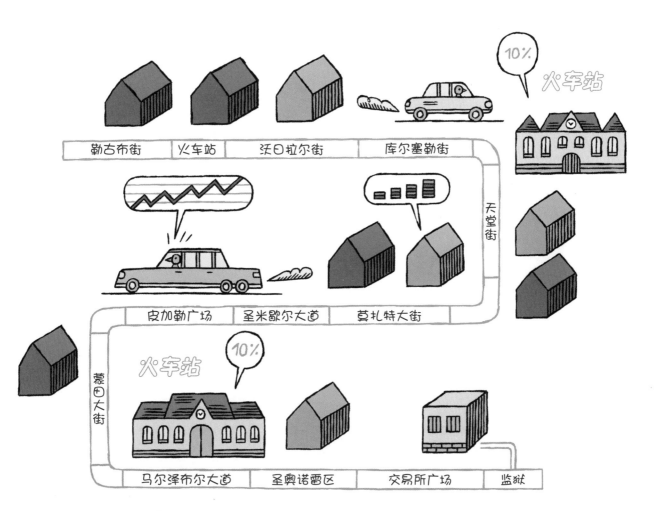

12 预报阴晴雨雪

直到 19 世纪，气象预报的准确性仍然低得可怜。人们依据树上的苔藓和天空的颜色预测暴风雨的来临。然而，影响天气变化的因素非常复杂。在自然界中，任何不起眼的小事，都可能对未来的天气造成影响。如今，凭借现代数学知识和强大的信息技术，预测下周末的天气状况对气象学家来说已经不是难事。

12.1
云朵的方程式

气象预报学兴起于 20 世纪 20 年代。气象学家工作的基础，是从世界各地采集而来的气象参数，如气温、风速、云量、湿度、气压等数据。然而天气变幻莫测，因此气象学家的预测也难免出错。

12.2
蝴蝶效应

你了解"蝴蝶效应"吗？一只蝴蝶在巴西扇动几下翅膀，就可能在美国得克萨斯州引发一场龙卷风？以电动弹子游戏为例，一旦发球力量发生些微变化，弹子的弹跳方式、运行路线和撞杆与否都将随之改变，最终，得分也将大相径庭。20 世纪 60 年代，美国数学家、气象学家爱德华·洛伦茨提出混沌理论，此理论广为人知的论述之一就是"蝴蝶效应"。他认为，在自然界中，原始参数的微小改变，足以对未来天气状况造成巨大影响。这也在一定程度上解释了气象预报出现误报的原因。

云朵的方程式

12.3
没有如期而至的飓风

"凡是可能出错的事情，必然会出错。"这就是墨菲定律。气象学家在观测飓风生成的气象条件时，不禁想到这条定律，于是立刻发出预警，即使当时飓风尚未生成。因此，人们时常遭遇这种尴尬：尽管预报有飓风，实际上只不过刮了一阵大风而已。

12.4
数据显示的气候变暖

气象学家通过分析各种数据记录，可以对气温进行逐年比较。此外，研究植物化石也有助于了解气温变化的历史情况。迄今，地球经历了多次冰川期。冰川期过后，地球随之进入气候变暖期。数学模型研究表明，在我们生活的时代，二氧化碳（CO_2）在大气中加速聚集，全球气候变暖。此外，冰川消融等现象也印证了上述数学研究结论。

●●●●●●●
算一算

上午 10 点，操场上的气温是 18℃。假设 12 点 30 分的气温是 23℃，并且下午气温将以同样速度继续上升，那么到下午 15 点，温度计显示的温度将是多少？

28℃。

提示：
气温每小时上升 2℃，因此，15 点时，气温将达到

数据显示的气候变暖

13 统计学帮助人们认识社会

统计学提供的数学工具和方法，有助于人们更好地认识和理解社会。借助统计数据，可以弄清哪些人抱有相同的想法，而哪些人持不同意见。统计学不仅能分析整体情况，还能预测未来趋势。

13.1
民意调查和预测

统计学一词来源于拉丁语"*status*"，意为"状态"。统计学家根据专门收集的数据，运用数学模型，可以得出各种数据和趋势。这些数据经过处理，例如转化为百分比，有助于人们理解错综复杂的社会现象，例如家庭消费水平、政治家的民意支持率、居民满意度等。此外，数据之间的年度对比，则能反映变化趋势。

13.2
我班里有几个吕卡

2010 年，法国总计诞生了约 828 000 个婴儿，其中 84 743 个男婴起名叫吕卡，73 310 个女婴起名叫艾玛。为了更好地理解数据中包含的信息，我们可以将它转化为百分比。某一名字在每 100 人中重复出现的频率，足以更加直观地反映它的流行程度。求百分比的具体方法如下：首先用取相同名字的婴儿人数除以当年出生的婴儿总数（即 828 000），然后再乘以 100%（即小数点右移两位，加上百分号；通常小数点后保留两位数字）。

吕卡：
$84\,743 \div 828\,000 \approx 0.1023$
$0.1023 \times 100\% = 10.23\%$
因此，2010 年法国新生儿中，10.23% 取名吕卡。

艾玛：
$73\,310 \div 828\,000 \approx 0.0885$
$0.0885 \times 100\% = 8.85\%$
因此，2010 年法国新生儿中，8.85% 取名艾玛。

民意调查和预测

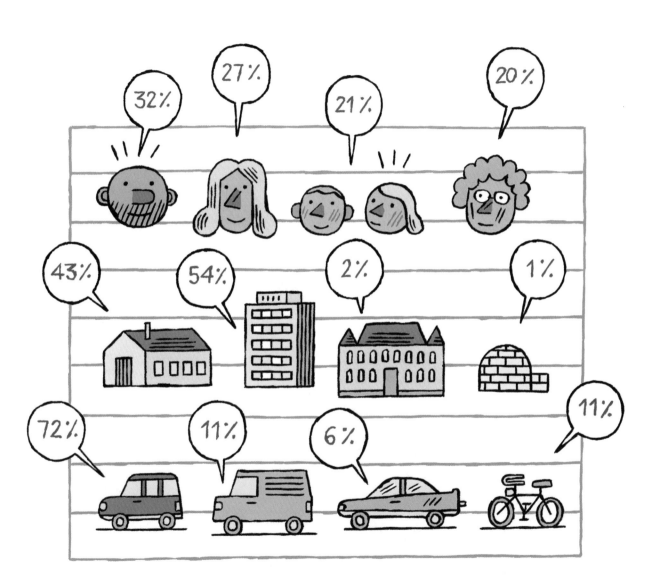

13.3
有关百分比的计算

要想知道某一数值的百分之几是多少，只要用它乘以百分数的分子与分母（即 100）相除的商。例如，总人数为 30 人的班级，其中 20% 是多少名学生？计算结果如下：30×20/100=6 名学生。

再举一个例子：2010 年出生的每 500 个孩子中（无论男女），平均有多少个吕卡，多少个艾玛？

吕卡：
500×10.23/100，
即 500×0.1023=51.15。
因此，每 500 个孩子中平均有 51 个吕卡。

艾玛：
500×8.85/100，
即 500×0.0885=44.25。
因此，每 500 个孩子中平均有 44 个艾玛。

算一算

2010 年，法国总共诞生了 48 970 个克莱芒和 43 792 个奥塞安妮。取这两个名字的孩子各占当年婴儿出生总数的百分之几？计算结果小数点后保留两位数字。

解答：
克莱芒：
48 970÷828 000 ≈ 0.0591
0.0591×100%=5.91%
取名克莱芒的孩子占当年婴儿出生人数的 5.91%。

奥塞安妮：
43 792÷828 000 ≈ 0.0529
0.0529×100%=5.29%
取名奥塞安妮的孩子占当年婴儿出生人数的 5.29%。

13.4
普通人

若按某一特征（身高、体重、智力水平等）对人群进行统计，会出现怎样的结果？结论是，越接近于平均水平，人数越多。最高或最矮的，最瘦或最胖……人数最少。因此，销售 T 恤衫的商店可以断定，中码（M）和大码（L）的需求量最大，超小码（XS）和超大码（XXL）的需求量最小。表示这一现象的图形，叫作"高斯曲线"，又称"墨西哥草帽"，对应的数学模型叫作"正态分布"。

普通人

XXL M、L XS

14 密码信息和网络加密

怎样防止外人偷读秘密信息？那就对它进行加密吧！具体而言，可以调换字母顺序，也可以用数字代替字母。这就是密码学，一门关于"隐藏"的艺术。密码学为信息交流提供安全保障，为网上冲浪保驾护航。

解一解

请根据恺撒密码，解密这条信息：
GWFAT YZ JX QJ UQZX KTWY。密钥是 5。

答案：

这条密码的外语（法语）是："
Bravo, tu es le plus fort !
翻译成中文就是："棒极啦，你真棒啊！"

14.1
恺撒密码

"恺撒密码"堪称密码始祖。恺撒大帝发出的军令都要经过加密，他的加密方法是将字母表中的字母依次后移三位，这样 A 变成 D，B 变成 E……Z 变成 C。收到密函的将领，根据解码密钥即数字"3"，将密函中的字母对应前移三位，即可解读军令。如今，论坛和社交网站仍然沿用这一古老方法，并赋予它一个新名字——ROT13，也就是，将每个字母依次后移 13 位：A 变成 N，B 变成 O……有一个 ROT13 网站，专门为网友提供信息加密服务。

14.2
分析频率，解锁密码

在绝大多数语言中，总有某些字母的使用频率相对较高。以法语为例，E、S 和 A 这三个字母最为常用。解密密码文件时，首先要观察哪些字母（或数字）的出现频率最高，然后用 E、S 或 A 替换，这样就可以通过排除法找到密钥。

14.3
"恩尼格玛"催生世界首台计算机

第二次世界大战期间，德军使用恩尼格玛（Enigma，意为"谜"）密码机为情报加密。由它的键盘敲出的每个字母都被加密，随后还要通过一套加密卡环，连续进行多次加密。为了解密德军的密码情报，盟军发明了一台具有超强计算能力的电子机器，这就是计算机的雏形，人们将它命名为"炸弹"，它的发明者是英国天才数学家艾伦·图灵。

> Gbhgr yn Tnhyr rfg qvivfrr ra gebvf cnegvrf, qbag y'har rfg unovgrr cne yrf Orytrf, y'nhger cne yrf Ndhvgnvaf, yn gebvfvrzr cne yrf Tnhybvf.*

* 这是用 ROT13 密码加密的古罗马文。 翻译成拉丁文原文为："Toute la Gaule est divisée en trois parties, dont l'une est habitée par les Belges, l'autre par les Aquitains, la troisième par les Gaulois." 翻译成中文意思为："整个高卢分为三部分，分别居住着贝尔吉人、阿奎丹人和高卢人。"（由作者将拉丁文翻译成所著的《高卢战记》。）

14.4
用0和1实现人机对话

人类使用二进制语言与计算机进行人机交流。这种语言由 0 和 1 两个数字编码而成。例如，用 0 表示电流中断，1 表示电流通过。每个 0 或 1 称为 1 比特，大部分计算机借助 8 个、16 个或 32 个比特组成的二进制组工作。人们在键盘上输入的每条指令，或每个字母、数字、标点符号，都将被翻译成一串由 0 和 1 组成的计算机语言。如敲击字母 A 键时，计算机将其翻译成 01000001，点击数字 3 键时，翻译成 00110011······计算机先按照自身的二进制系统完成指令运算，然后再将其转化为人类常用的文字。

14.5
"听话"的计算机

只要我们向计算机提出的问题，能够按步骤逐一计算得到解答，那么无论要计算机做什么，它都会照做不误。按数学语言来说，就是要把具体的计算步骤即解题所需的加、减、乘、除运算依次输入计算机。以数学表达式 $x(y+z)$ 的求解为例，首先求得 $y+z$ 之和，然后用 x 乘以 $y+z$ 的和。

14.6
银行卡的"数字保安"

银行卡使用 RSA 密码加密。RSA 密码由素数（又称质数）构成，其安全性几乎无懈可击。所谓素数，就是像 2、3、5、7、11 等，只能被 1 和它本身整除的自然数。RSA 密码由一个包含 200 位数的超大数字构成，这个数字恰好是某两个素数的乘积。因此，这两个素数即为 RSA 密码的密钥。信用卡被盗时，尽管窃贼得到了这个由 200 位数构成的"大家伙"，但要激活信用卡，还必须知道乘积恰好等于这个"大家伙"的两个素数。要做到这一点，即使拥有最强大的计算机，也要花费几百万年时间。

········
算一算

哪两个素数的乘积恰好等于 143？已知素数家族的前几位成员分别是 2、3、5、7、11、13、17、19、23、29、31、37、41、43、47、53。

答案：11×13，可惜此地，如果再大一点的话，借着多少明周大概求懂很难。

用0和1实现人机对话

15 彼此相连

水、电话、公路、地铁、因特网……各种形式的网络将人们彼此相连。运用图形理论，数学家能够实现网络的有序分布。

15.1
点与线

画在纸上的图形由一系列点构成，点与点之间通过线相互连接。例如，航空线路图上的点对应机场，线就是两座机场之间的直航路线。图形理论研究点与点之间的关系，可用于解决两点之间的最短距离一类的问题。

15.2
从一座桥中诞生的数学理论

瑞士数学家莱昂哈德·欧拉（1707-1783）在对迷宫进行数学研究的过程中，奠定了图论[①]的基础。他的研究课题如下：柯尼斯堡（今俄罗斯加里宁格勒）的一条河上有7座桥，它们连接着2个岛和河的两岸，怎样走才能从每座桥上仅通过一次，并回到起点？欧拉把2个岛与河两岸抽象成4个点，7座桥用7条线表示。他通过这个图证明此问题没有解决方案，称它为无解之题。

---

① 图论以图为研究对象，图论中的图由若干给定的点及连接两点的线构成。

——译注

15.3
像打电话一样简单

当你打电话给朋友时，你的通话请求会通过线缆，连续经过分布在城市各处的多个中继站，最终到达距离他家最近的中继站，再由它"命令"电话铃响起。对电话网络工程师而言，最大的难点在于确定中继站的位置和数量。图论能帮助人们建设、管理这样的网络，尽可能确保地球上每位电话用户都处于网络覆盖范围之内，可以随时随地拨打电话。

点与线

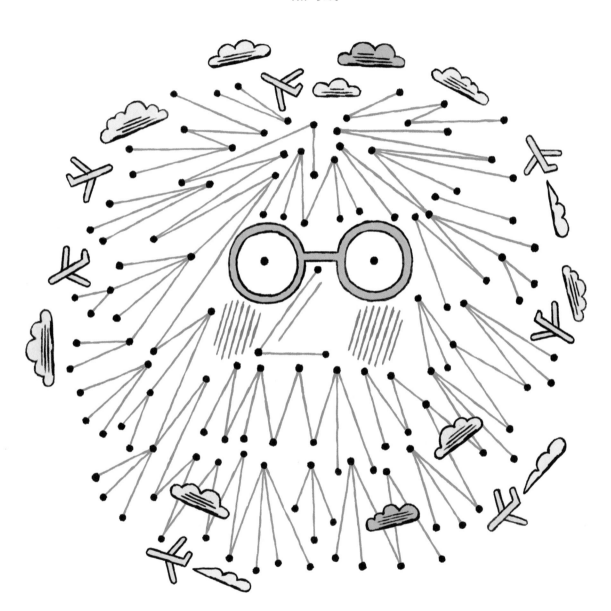

15.4
社交网络的小天地

在数学家眼中，社交网络就是一个由上千万个点（即个人账户）和线（即好友关系）构成的图形。科学家对其进行研究，计算出某些账户的信息交换密度和受欢迎程度。他们发现，各种社交网络的情况基本相同：大多数用户的好友数量非常有限，只有极少数用户友人成群。这与现实生活中的情况何其相似！实际上，拥有同一个朋友的两个人，很有可能也成为朋友。因此，社交网络会向你推荐朋友的朋友，也就不足为奇了。这一切都是经过计算的结果……

想一想

有一位艄公要帮助一头狼、一只母鹿和一只山羊过河。他每次只能运送一只动物，但又不能让狼与母鹿，或狼与山羊单独在一起。他该怎么办？给你一点提示吧，如果艄公先把狼运过河去……请根据这个题目作出解答。

答案：

把母鹿先运过河去，然后返回；再把山羊运过河去，并把母鹿一同带回去；第三次把狼运过河去，并和其一同留在对岸；返回把母鹿运过河去。最后把狼运过河。

社交网络的小天地

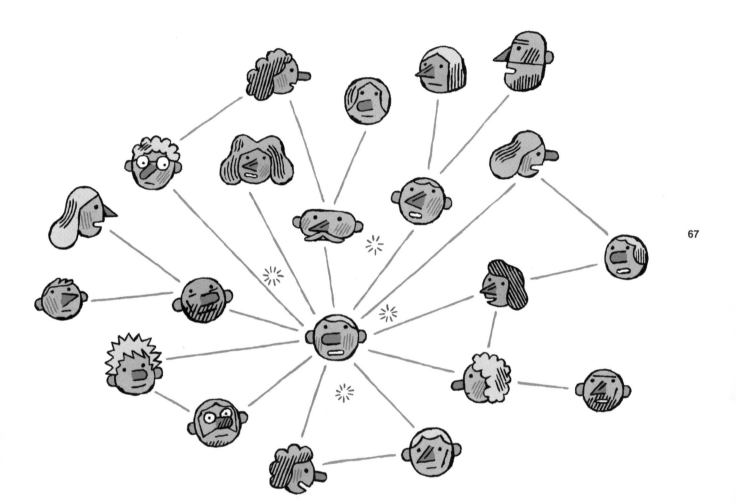

16 为艺术家服务

不仅科学家从数学中获得灵感，艺术家也纷纷从中汲取灵感，创作出画、音乐、小说等文艺作品。尽管数学与艺术看似风马牛不相及，但实际上它们关系密切。

16.1
毕达哥拉斯音阶

音乐与数学息息相关。公元前 4 世纪，古希腊数学家毕达哥拉斯建立了音乐与数字之间的联系。他发现，琴弦长度不一，发出的声音也不同。哆音琴弦长度缩短一半后，能奏出更加尖锐的八度音，这就是低音哆与高音哆的区别所在。根据这一原理，毕达哥拉斯建立了分数形式的琴弦长度与 8 个音符的一一对应关系。具体而言，如果哆音弦长 1 米，来音弦长就是哆音的 8/9（8/9×1 米），咪音弦长 4/5 米，发音弦长 3/4 米，索音弦长 2/3 米，拉音弦长 3/5 米，西音弦长 8/15 米，高音哆弦长 1/2 米。当一根琴弦的长度是另一根的 1/2 时，它发出的声音是后者音高的 2 倍。反之，如果一根琴弦的长度是另一根的 2 倍，则它发出的声音只及后者音高的 1/2。

16.2
随机音乐

信息技术加强了音乐与数学之间的联系。计算机可以生成钢琴琴键能够弹奏出的所有 479 000 种音符组合。以皮埃尔·布列兹、雅尼·克里索马利斯为代表的当代作曲家，根据概率理论，凭借计算机随机生成的音符组合进行创作。

········
试一试

找来一把吉他或小提琴，观察一下，它们都有长度相等的数根琴弦。拨一下琴弦，听到声音了吗？现在，用手指把琴弦按在琴柄上，这样弹出的音更高。为什么？因为当你用手指把琴弦按在琴柄上时，相当于缩短了琴弦的长度，因此琴弦会发出更高的音。

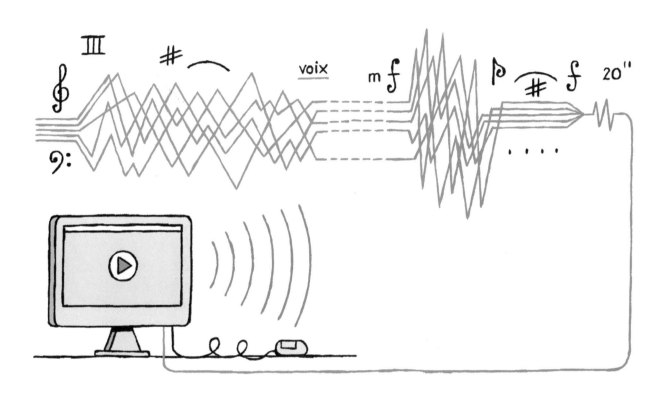

随机音乐

16.3
黄金比例图画

文艺复兴时期，许多画家运用黄金比例创作绘画作品。列奥纳多·达·芬奇坚信，数学应当为艺术创作服务。1492年，他受数学启发，创作了名画《维特鲁威人》，画中裸体人像的每一个身体部位都严格遵循黄金分割定律。达·芬奇经过测算发现，人体的面部（从下颌底端到额头顶端）大约是身高的1/8，手（从手腕关节到伸直的中指末端）的长度大约也是身高的1/8。当双臂向上伸直时，肚脐恰好位于人体正中位置。

量一量

你的身体比例符合黄金分割定律吗？

已知你的身高为 x，测得双脚到肚脐的距离为 y，肚脐到头顶的距离为 z。分别计算 $y \div z$ 和 $x \div y$，如果两处所得的结果均约为 1.618，那么，你的身体比例是符合黄金分割定律的。

16.4
几何派画家

文艺复兴时期，意大利画家皮耶罗·德拉·弗朗切斯卡和建筑家莱昂·巴蒂斯塔·阿尔伯蒂在各自的作品中发展并完善了能够赋予画面 3D 效果的透视法。他们系统地提出了有关角、平行等的几何规则，以此呈现物体的远近、纵深和背景物体的比例。他们先于数学家认识到，远处的物体更小，而且纵深方向的平行线最终会交汇于唯一的一点即没影点（又称焦点）。

此后，经过数学家的发展与完善，这些规则还广泛应用于地图绘制。

16.5
抽象派画家

抽象派画家运用几何图形反映现实。巴勃罗·毕加索和乔治·布拉克是立体画派的始祖，他们对几何体情有独钟，开创了使用立方体、球体和圆柱体表现人与物的先河。荷兰艺术家彼埃·蒙德里安在其画作中，用黑色正交线条勾勒出正方形和黄金长方形图案。维克托·瓦萨雷里运用独特的几何绘画技巧，营造出不同凡响的视觉效果。

画一画

准备一张 A4 纸，在上面画出 4 条水平直线和 3 条垂直直线，从而将纸面随机分为大小不等的正方形和长方形。

将长方形依次涂成白色、黄色、红色、蓝色和黑色。

用细头画笔将水平线与垂直线涂黑。

这样，你就画出了一幅具有蒙德里安风格的抽象画。

几何派画家

数学魔法

17 π：一个不会"兜圈子"的数字

π（读作 pài）是希腊语中表示周长意义的单词的第一个字母，用来表示圆周率。一切圆形的物体，或圆周运动中，都有 π 的身影。没有它，不仅无法制造汽车，无法理解星球的运行，甚至连足球都生产不出来。

17.1
一个没有穷尽的数字

圆的周长是直径的 3 倍多一点儿，这是各大文明古国的人们很早以前就知道的事实。古希腊人阿基米德在公元前 250 年左右计算出 π 的近似值即 3.141。从此以后，数学家纷纷求解 π 的精确数值，却落得一场空，因为 π 的小数点后有无穷无尽的位数，并且无法用两个整数的商的形式表示。这表明，π 是无理数。尽管如此，人们还是成功计算出了 π 的小数点后前 27 000 亿位！π 的小数点后前 100 位：π ≈ 3.141 592 653 589 793 238 462 643 383 279 502 884 197 169 399 375 105 820 974 944 592 307 816 406 286 208 998 628 034 825 342 117 067 9。

17.2
π无处不在

π 的神奇之处在于不受圆大小的限制，无论是原子、足球，还是星球，π 的值永远保持不变。与三角形或长方形不同，圆只有唯一一种形状。无论计算唱片的表面积，还是球体体积，都需要用到 π。如今，π 不仅应用于数学的众多领域，在人们的生活中也随处可见它的身影。在 π 惊人的小数序列中，人们准保能够找到自己的电话号码或出生日期！

一个没有穷尽的数字

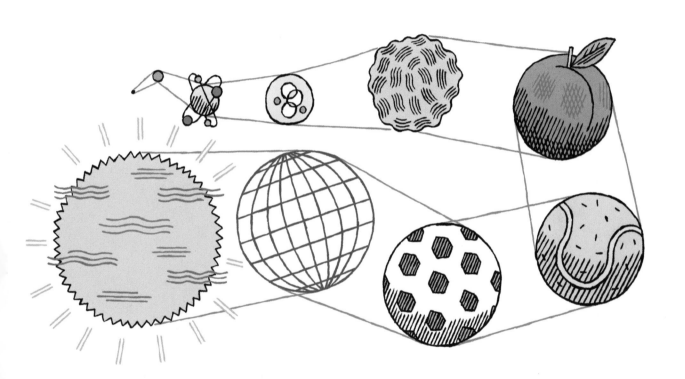

任意选择一个圆形物体，比如盘子，或是自行车轮，用细绳分别测量其周长与直径。用周长除以直径，所得结果比 3 稍大一些，确切地说，就是 π。反之，用该物体的直径乘以 π，结果即为周长。

17.3
当你兜圈子的时候……

假如不想走直路，偏要沿着圆周绕路而行，那么，你的行程将是直线距离的 π/2 倍，约 1.57 倍。

17.4
怪哉，怪哉

一条河流入大海，这条河包括各段河湾在内的总长度，除以从源头到入海口的直线距离，所得结果近似于 π。地势越平坦，这个比值越接近于 π。亚马孙河和密西西比河是最具说服力的例证。

17.5
向 π 致敬

π 约等于 3.14，因此人们把 3 月 14 日这一天定为国际圆周率日，这一天也是国际数学日。届时，一些数学研究院要吃派（一种馅饼，根据英语发音，汉语将其音译为"派"）庆祝。

怪哉，怪哉

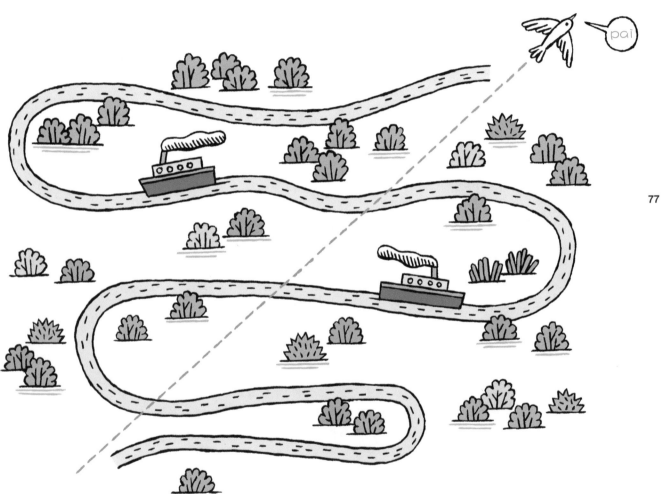

18 素数，怪异的数字

素数是大于或等于 2，并且只能被 1 和它本身整除的自然数，又称质数。数千年来，这种奇特的数字深深地吸引着数学家。素数家族的头几位成员分别是 2、3、5、7、11、13、17、19、23、29、31……

证一证

找出 2 到 100 之间的所有素数。

首先，把 2 到 100 之间的所有数字写在纸上。再将所有 2 的倍数（2 本身除外）即从 4 开始的所有偶数画掉。然后，依次将 3、5、7 的倍数画掉，3、5、7 三个数字本身除外。剩余的数字即为 2 到 100 之间的所有素数。

18.1
数学谜题

随着数值增大，素数的分布频率逐渐降低。近两个世纪以来，为了探寻素数的分布规律，千百位数学家前赴后继，但是这个谜题至今仍未解开。历史上，美国大名鼎鼎的克雷数学研究所曾经发起过 7 次奖金高达百万美元的有奖竞赛，竞赛题目之一便是找出素数的分布规律。

18.2
会数数的蝉

北美森林里，栖息着一种神奇的蝉，它们每 17 年完成一次生命周期。这些小家伙几乎终生穴居在地下，只在生命的最后时刻，才钻出地面繁衍后代，然后死去。动物学家对素数 17 和这种蝉的生命周期之间的关系进行了大量研究。他们发现，在这种蝉为数不多的天敌中，有一种可怕的生活在地面的寄生虫，它们的寿命是 2 年。如果这种蝉的寿命是 2 的倍数，那么这两种生物每 2 年、4 年、8 年……便会相遇一次（届时这种蝉和它的天敌寄生虫都将发育成熟）。而 17 年破土一次，就使这种蝉遭遇天敌的周期延长至 34 年。

会数数的蝉

神秘的无穷大

整数是没有穷尽的。无论想象出一个多么大的数字，总能在此基础上再加 1。数学家将这种现象称为无穷大。

19.1
卧倒的8

符号"∞"代表无穷大，酷似卧倒的数字 8。大家是否注意到，"∞"的形状好似盘曲的椭圆，它既没有起点，也没有终点。无穷大与非零实数进行加、减、乘、除运算时，结果永远是无穷大。但是，1÷∞接近于 0，0×∞无意义。

19.2
奇怪的概念

无穷大的数值，无穷大的尺码，这样的概念不易于理解。人们更习惯于有限的概念，哪怕数值稍大一些，也不碍事。1000 吨糖果、100 万千米距离……已经难于想象，更何况无穷大的数量、距离等概念。一堆无穷多的糖果，怎么吃也吃不完。对分秒流逝的时间而言，无穷大意味着永恒。

19.3
Googol

有些数字尽管并非无穷大，却也大得超乎人类想象。"Googol"就是这样一个大数，相当于 1 后面有 100 个零。数学家爱德华·卡斯纳厌倦了英语中以"–illion"结尾的数字，于是请 9 岁的侄子帮忙起个新鲜点儿的名字，小家伙脱口而出"Googol"。后来，搜索引擎谷歌的创始人，正是从"Googol"获取灵感，将自己的网站命名为 Google（汉语音译为"谷歌"）。

卧倒的8

分形，爱照镜子的图形

你知道放大后的雪花是什么样子吗？它的每一支都分成了更小的杈，后者再分成更小更小的杈，以此类推。每支小杈的形状都与整片雪花完全相同。这就是分形。这种独具魅力的图形改变了人们认识世界的方式。

20.1
近看或远观，永远一模一样

1973 年，法国数学家本华·曼德博首次提出分形概念。分形是边缘呈锯齿状的几何图形。其独特性在于，无论近看或远观，它的各部分始终呈现相同的外形。换句话说，它像俄罗斯套娃一样，各部分具有"自我相似性"。

20.2
分形普遍存在于自然界

分形普遍存在于自然界。一块放大的岩石，不禁让人联想到一座小山，再由小山联想到更高的山；法国布列塔尼一段礁石嶙峋的海岸，与另一处十倍大的海岸仿佛孪生；云朵的一小部分与整朵云相差无几。

树木也是典型的分形结构，即使最细小的枝杈，也与整棵大树具有相似的外形。分形结构同样存在于人体，我们的肺、肾或血液循环系统，包含无数分支结构，它们大小各异，但外形相似。

证一证

拿来一棵菜花，从上面掰下一小朵，这就是一棵"迷你"菜花。从这上面再掰下更小的一小朵……以此类推，尽管菜花的体积越来越小，但它们全都与整棵菜花拥有近乎相同的形状。同样的现象也见于西蓝花和罗马花椰菜，它们都由无数大小不等，但形状几乎相同的部分组成。

分形普遍存在于自然界

20.3
新纪元

利用分形，数学家可以描绘其他更加复杂的图形，例如不能用简单的锥体或球体表现的山峰或云朵，或者犬牙交错的海岸。数学家只需通过简单的方程式，便可以建构出这些复杂的图形，因为它们无非是由很多自己的迷你复制品组成的。无须复杂的运算，计算机可以轻松地制作这样的图形。电影动画和电子游戏领域普遍应用这一技术，制造树木、山峰、云朵等的模型。

20.4
奇妙的镜中镜

取一面镜子，将它放在浴室镜子前。于是，我们的面前便出现了无数镜子相互嵌套的镜中镜现象。

画一画

来画一个分形图形吧。

先画一个边长 15 厘米的等边三角形，然后将每条边三等分，每份长 5 厘米。再以每条边三等分的中间一条线段作为一边，画一个边长 5 厘米的外接等边三角形。再在这个图形的基础上进行同样的操作，无论重复多少次都可以。这样，你就得到一个名叫"科赫雪花"的分形。实际操作中，我们画有限次就不得不停下了，但从理论上讲，却可以无止境地继续下去。（科赫雪花一般指科克曲线）

新纪元

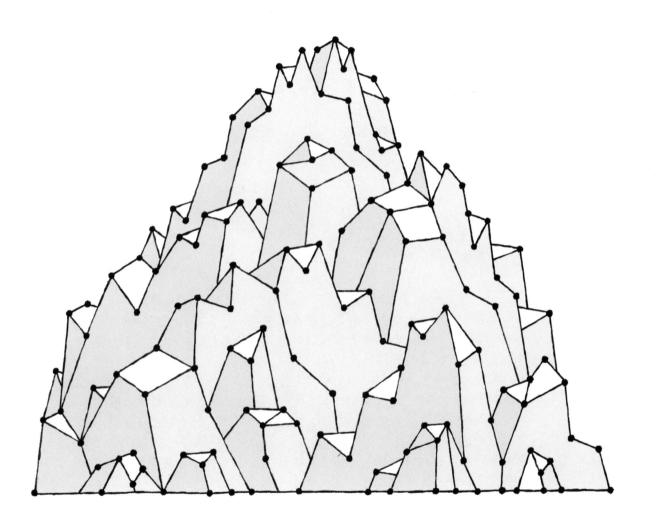

持之以恒的
大自然

在自然界中，随处可见斐波那契数列中的数字组合。意大利数学家列奥纳多·斐波那契发明的这组数列，其中任何一项都等于前两项之和。换句话说，相邻两项相加，其结果便是该数列的下一项。具体而言，斐波那契数列是这样的：1、1、2、3、5、8、13、21、34、55、89、144、233、377……这一数列在自然界里也能找到，这多么神奇啊，就好像大自然也学过数学一样！

21.1
兔子家族

18 世纪，意大利数学家列奥纳多·斐波那契在研究数列问题时，提出了这样一个问题：如果家兔出生一个月后即开始繁殖，并且每月繁殖一次，每窝生育一雄一雌两只小兔，那么兔子家族的扩张将呈现怎样的变化规律？这个问题可以按照如下步骤进行解答。

第一个月初，有 2 只小兔，即 1 对兔夫妻。

第二个月初，2 只兔子发育成熟，准备繁育后代，此时仍然只有 1 对兔夫妻。

第三个月初，除最初的 2 只兔子外，雌兔第一窝产下的 2 只兔子也已经长大，即有 2 对兔夫妻。

第四个月初，最初的 1 对兔夫妻又产下第二窝小兔，并且第一窝兔子已经发育成熟，准备繁殖后代，此时共有 3 对兔夫妻。

以此类推，到第十三个月初，共有 233 对兔夫妻。

兔子家族

21.2
花朵的"数学头脑"

数一数一朵花有多少片花瓣，你会发现，这个结果往往可以在斐波那契数列中找到。例如，三角梅有 3 片花瓣，银莲花和毛茛有 5 片花瓣，雏菊通常有 34 或 55 片花瓣。科学家认为，这些数目的花瓣有助于花朵充分利用空间，让每片花瓣或叶子照射到充足的阳光。只有 5 片花瓣时，每片花瓣都可以直接接触阳光。当花瓣片数超过 5 时，尽管彼此间会相互交叠，但不至于挤得过紧，每片花瓣至少有一部分可以直接被阳光照射到。

证一证

冰箱里也可以发现斐波那契数列的踪迹。如果冰箱里恰好有一只菠萝，那就数一数它从上到下有多少个小菱形块吧！按照顺时针方向顺着螺旋线数，应该是 8 个。按照逆时针方向顺着螺旋线数，恰好是 13 个。再来看看菜花或西蓝花。按照同样的方法，你会发现簇拥在一起组成一棵菜花的小瓣数量，也恰好出自这个神奇的数列。科学家认为，这样的数目和排列方式可以帮助蔬菜和花朵充分利用空间和光线。

花朵的"数学头脑"

数学语言与奇迹

22 世界通用的 语言

数学拥有统一的语言，数学家借助这些数学符号、图形和字母，可以和全世界的同行进行交流。掌握通用的数学语言，是这门学科的难点之一。

22.1
用数学语言交流

数学语言由数字、字母（如 x、n、π 等）、符号（如 +、—、×、÷、<、>等）以及公式、定理等构成。此外，还有一些专门的表述方式，例如"已知……则……"，或者"假设……则……"。

这些符号和表述方式普遍适用于代数、几何、统计学、概率论等各个数学分支领域。

22.2
归纳概括，言简意赅

"两个数乘积的平方，等于这两个数的平方的乘积。"这样的表述怎能不令人头大？同样一句话，如果用数学语言表达：设两个数字为 a、b，则 $(a \times b)^2 = a^2 \times b^2$。何其简明！

22.3
证明

自古以来，数学便与真理形影不离。早期哲学家往往身兼数学家的身份。他们认为，单纯指出一件事是真的还远远不够，必须加以证明。古希腊人发明的数学定理，是经过数学方法证明的表述。每年都有新的数学定理诞生，经过科学界证明之后，可供全世界学习数学的人使用。

归纳概括，言简意赅

22.4
是真是假

要证明某一数学命题成立，必须证明该命题在任何情况下都成立。而要证明某一命题不成立，只需证明该命题不成立的一种情况即可！

22.5
合乎逻辑

古希腊哲学家亚里士多德（公元前384-前322）提出了逻辑学中的"三段论"。例如这样一组命题：所有人终有一死（大前提）；克莱奥帕特是人（小前提）；故克莱奥帕特终有一死（结论）。如果前两个命题成立，那么第三个命题也必然成立。

逻辑学由亚里士多德开创。这是一门关于演绎与推论的学问。逻辑学的基本原则之一是：人们说一件事情时，不能忽而这样，忽而那样！

22.6
非真非假的悖论

"此刻我在说谎"是一个无法加以证明的命题。如果这是一句真话，那它本身就是假的。如果这是一句假话，那它又变成真的！数学家称之为"说谎者悖论"。

算一算
1个祖父、2个父亲、2个儿子同桌用餐。每人选择一份15欧元的套餐。结账时，他们支付了45欧元，老板却没有表示异议。为什么？

答案：
餐桌上只有3个人，祖父本身也是父亲，当另一位父亲本身也是儿子，那么上桌的有祖父、父亲、儿子3人，每人吃一份15欧元的套餐，正好45欧元。

非真非假的悖论

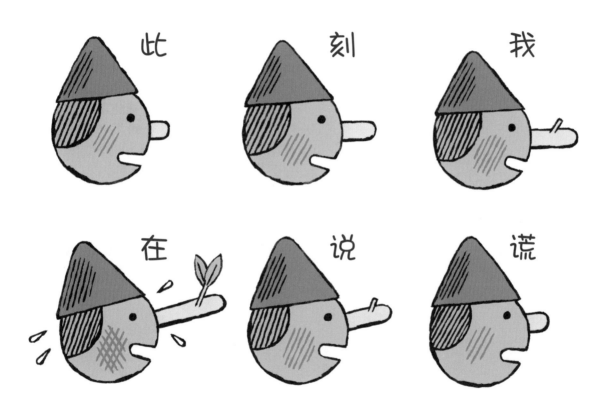

23 方程式的诗意

数学家生活在一个与众不同的世界里。他们相遇时，可能围绕某一数学定理等专业问题，连续争论好几个小时。这种同行之间的交流，能够为彼此提供更多新思路。但在外行看来，数学世界里的重要话题所涉及的概念，像天书一样难以理解。

23.1
最佳搭配

数学家是怎样发现新定理的？他们的做法是提出假设。例如，把某个推论与某个定理混搭起来，尽管它们彼此相去甚远，又或者把两个风马牛不相及的理论组合起来……

数学家发现新定理就像玩拼图游戏一样，有时恰好能得到想要的结果，有时结果却不尽如人意。在这样的研究中，直觉发挥着至关重要的作用。例如，研究者预感到，如果把某两个完全不同的理论结合起来，或许能得到自己想要的结果。于是他运用各种公式和假设，反复尝试。在最终发现最佳搭配之前，他可能要长久地品尝失败的滋味。

23.2
太美妙啦

有些方程式可谓美妙绝伦。在数学家眼中，最完美的证明应该具备短小、简单、一目了然的特征。它能够以全新的方式将不同概念予以重组。法国数学家赛德里克·维拉尼认为，和谐与惊喜是构成数学之美的两大要素。"美妙的证明妙就妙在其中包含着题面之外的'惊喜元素'，能够带来出人意料的结果。"

最佳搭配

23.3
优雅的加法

如何将 1 至 100 的所有数字迅速相加求和？

德国数学家约翰·卡尔·弗里德里希·高斯在上小学时遇到了这道题。正当其他同学按部就班地将所有数字依次相加：1+2=3，3+3=6，6+4=10，10+5=15，15+6=21，21+7=28……时，高斯却独辟蹊径。他发现，这些运算中包含着某种对称性，因此决定将大数与小数逐一相加。他将所有数字分别排成两纵列，左侧一列按照由上而下逐次递减的顺序，右侧一列按照由上而下逐次递增的顺序，然后再将每行相对应的两个数字相加，其结果分别是：

100+1=101
99+2=101
98+3=101
97+4=101
96+5=101
……

高斯发现，每一行的结果都是 101，总共 100 行，也就是 100×101=10 100。但是，这种算法把 1 至 100 之间的所有数字都相加了两次，而不是老师所要求的一次，因此，应该用上述结果除以 2，才能得到正确答案。于是，高斯迅速答道：1 至 100 的所有数字相加的和是 5050！

优雅的加法

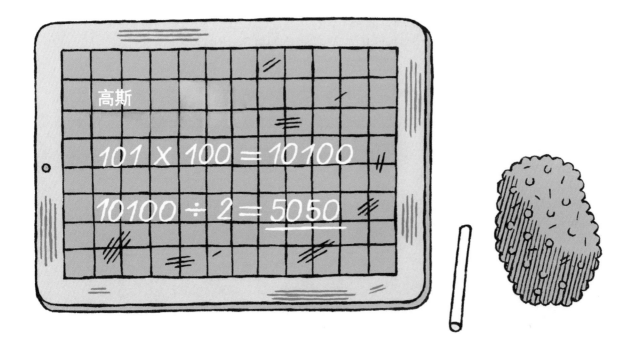

图书在版编目（CIP）数据

数学星球 / （法）卡莉娜·卢瓦尔，（法）洛朗斯·
比诺著；（法）偌琛·热尔内尔绘；董莹译. -- 成都：
四川少年儿童出版社，2024.1
ISBN 978-7-5728-1346-7

Ⅰ. ①数… Ⅱ. ①卡… ②洛… ③偌… ④董… Ⅲ.
①数学—儿童读物 Ⅳ. ① O1-49

中国国家版本馆CIP数据核字（2023）第250579号

四川省版权局著作权合同登记号：图进字 21-2024-019

C'est mathématique ! © Actes Sud Junior, France, 2014

Translation copyright © 2024 by Beijing Red Dot Wisdom Cultural Development Co., Ltd
All rights reserved

SHUXUE XINGQIU
数学星球

出 版 人：余 兰
项目统筹：高海潮
责任编辑：刘国斌
责任校对：张舒平
美术编辑：李 化
责任印制：李 欣

作　　者：［法］卡莉娜·卢瓦尔　　［法］洛朗斯·比诺
绘　　图：［法］偌琛·热尔内尔
译　　者：董　莹
出　　版：四川少年儿童出版社
地　　址：成都市锦江区三色路238号
网　　址：http://www.sccph.com.cn
网　　店：http://scsnetcbs.tmall.com
印　　刷：深圳市福圣印刷有限公司
经　　销：新华书店
成品尺寸：210mm×210mm

开　　本：20
印　　张：5.4
字　　数：108千
版　　次：2024年4月第1版
印　　次：2024年4月第1次印刷
书　　号：ISBN 978-7-5728-1346-7
定　　价：68.00元